上海市工程建设规范

数据中心节能技术应用标准

Standard for energy-saving technology application of data center

DG/TJ 08—2347—2021
J 15646—2021

主编单位：上海市建筑科学研究院(集团)有限公司
　　　　　上海市建筑建材业市场管理总站
批准部门：上海市住房和城乡建设管理委员会
施行日期：2021 年 7 月 1 日

U0349693

同济大学出版社

2021　上海

图书在版编目(CIP)数据

数据中心节能技术应用标准/上海市建筑科学研究院(集团)有限公司,上海市建筑建材业市场管理总站主编. —上海:同济大学出版社,2021.7
ISBN 978-7-5608-7674-0

Ⅰ.①数… Ⅱ.①上… ②上… Ⅲ.①机房-节能-标准 Ⅳ.①TP308-65

中国版本图书馆 CIP 数据核字(2021)第 125819 号

数据中心节能技术应用标准

上海市建筑科学研究院(集团)有限公司
上海市建筑建材业市场管理总站　　主编

策划编辑　张平官
责任编辑　朱　勇
责任校对　徐春莲
封面设计　陈益平

出版发行　同济大学出版社　　www.tongjipress.com.cn
　　　　　(地址:上海市四平路 1239 号　邮编:200092　电话:021-65985622)
经　　销　全国各地新华书店
印　　刷　浦江求真印务有限公司
开　　本　889mm×1194mm　1/32
印　　张　2.25
字　　数　60 000
版　　次　2021 年 7 月第 1 版　　2021 年 7 月第 1 次印刷
书　　号　ISBN 978-7-5608-7674-0
定　　价　25.00 元

上海市住房和城乡建设管理委员会文件

沪建标定〔2021〕2 号

上海市住房和城乡建设管理委员会
关于批准《数据中心节能技术应用标准》
为上海市工程建设规范的通知

各有关单位：

由上海市建筑科学研究院(集团)有限公司、上海市建筑建材业市场管理总站主编的《数据中心节能技术应用标准》，经我委审核，现批准为上海市工程建设规范，统一编号为 DG/TJ 08—2347—2021，自 2021 年 7 月 1 日起实施。

本规范由上海市住房和城乡建设管理委员会负责管理，上海市建筑科学研究院(集团)有限公司负责解释。

特此通知。

上海市住房和城乡建设管理委员会

二〇二一年一月四日

前　言

　　根据上海市住房和城乡建设管理委员会《关于印发〈2019年上海市工程建设规范、建筑标准设计编制计划〉的通知》(沪建标定〔2018〕753号)的要求,由上海市建筑科学研究院(集团)有限公司、上海市建筑建材业市场管理总站作为主编单位负责编制上海市工程建设规范《数据中心节能技术应用标准》。标准编制组经广泛调研,开展专题研究,认真总结工程实践,参考国内外相关标准和规范,并在广泛征求意见的基础上,制定了本标准。

　　本标准主要内容包括:总则;术语;基本规定;建筑与建筑热工节能;IT设备节能;电气系统节能;空调系统节能;给排水系统节能;节能运行管理;节能评估。

　　各单位及相关人员在执行本标准过程中,如有意见和建议,请反馈至上海市住房和城乡建设管理委员会(地址:上海市大沽路100号;邮编:200003;E-mail:shjsbzgl@163.com)、上海市建筑科学研究院(集团)有限公司《数据中心节能技术应用标准》编制组(地址:上海市宛平南路75号建科大厦;邮编:200032;E-mail:jkhxy2002@sina.com)、上海市建筑建材业市场管理总站(上海市小木桥路683号;邮编:200032;E-mail:shgcbz@163.com),以供今后修订时参考。

　　主 编 单 位: 上海市建筑科学研究院(集团)有限公司
　　　　　　　　上海市建筑建材业市场管理总站
　　参 编 单 位: 上海市华东电脑股份有限公司
　　　　　　　　上海市安装工程集团有限公司
　　　　　　　　同济大学建筑设计研究院(集团)有限公司
　　　　　　　　上海银欣高新技术发展有限公司

上海交大慧谷信息产业股份有限公司

江苏达海智能系统股份有限公司

上海上证数据服务有限责任公司

上海信业智能科技股份有限公司

上海壹杰信息技术有限公司

上海现代建筑设计集团工程建设咨询有限公司

上海弘正新能源科技有限公司

参 加 单 位:上海宝信软件股份有限公司

上海市能效中心

上海格瑞特科技实业股份有限公司

上海邮电设计咨询研究院有限公司

上海市智能建筑建设协会

主要起草人:何晓燕　李　阳　张永炼　黄文琦　包珺予

应　寅　白燕峰　曾　群　曹　蓁　阮丽新

冯　君　熊经纬　包顺强　朱明言　徐雯娴

郑　锋　秦宏波　邵华厦　孙拥军　朱园园

黄　震　王士军　郑竺凌　王　峻　李艳华

王　汇　杨晓光　田　剑　顾牧君　沈晓雷

夏洪军　刘　珊　刘　颂

主要审查人:赵哲身　王小安　朱伟民　叶海东　张毅翔

陈　亮　梅向群

上海市建筑建材业市场管理总站

目　次

Contents

1 总　则

1.0.1　为贯彻执行国家节约能源和保护环境的技术经济政策,促进本市数据中心节能技术的应用,提高能效水平,推动高质量发展,特制定本标准。

1.0.2　本标准适用于本市新建和改扩建数据中心节能的规划、设计、建设、运行维护和评估,既有数据中心在设施条件相同时,也可执行。

1.0.3　数据中心节能应遵循因地制宜的原则,结合实际情况实施节能技术,实现全生命周期内数据中心基础设施和 IT 设备的资源节约。

1.0.4　数据中心节能技术的应用除应符合本标准的规定外,尚应符合国家、行业和本市现行有关标准的规定。

2 术 语

2.0.1 数据中心 data center

为集中放置的电子信息设备提供运行环境的建筑场所,可以是一栋或几栋建筑物,也可以是一栋建筑物的一部分,包括主机房、辅助区、支持区和行政管理区等。

2.0.2 主机房 computer room

用于数据处理设备安装和运行的建筑空间,包括服务器机房、网络机房和存储机房等功能区域。

2.0.3 电能使用效率(PUE) power usage effectiveness

表征数据中心电能利用效率的参数,其数值为数据中心内所有用电设备消耗的总电能与所有电子信息设备消耗的总电能之比。

2.0.4 局部 PUE(pPUE) partial PUE

是数据中心 PUE 概念的延伸,指数据中心局部区域的电能使用效率。

2.0.5 制冷负载系数(CLF) cooling load factor

数据中心中制冷设备全年耗电量与 IT 设备全年耗电量的比值。

2.0.6 供电负载系数(PLF) power load factor

数据中心中供配电系统全年耗电量与 IT 设备全年耗电量的比值,无单位。

2.0.7 可再生能源利用率(RER) renewable energy ratio

数据中心可再生能源供电与数据中心总耗电之比值,无单位。

2.0.8 水资源使用效率(WUE) water usage effectiveness

表征数据中心水利用效率的参数,其数值为数据中心内所有用水设备消耗的总水量与所有电子信息设备消耗的总电能之比,单位为 L/kW·h。

2.0.9 基础设施 infrastructure

狭义的基础设施指数据中心内为电子信息设备提供运行保障的设施;广义的基础设施还包括电子信息设备自身。

2.0.10 水侧自然冷却 water-side natural cooling

在气象条件允许的情况下,利用室外空气对载冷流体(冷冻水或添加乙二醇的冷冻水)进行冷却而不需机械制冷的冷却过程。水侧自然冷却属于间接自然冷却,与室外低温空气仅进行热交换,不进行质交换,室外空气不会直接进入电子信息设备所在的区域。

2.0.11 风侧自然冷却 air-side natural cooling

在气象条件允许的情况下,利用室外空气对载冷空气进行冷却而不需要机械制冷的冷却过程。空气侧(风侧)自然冷却分为直接风侧自然冷却和间接风侧自然冷却:①直接风侧自然冷却过程中,室外空气携带冷量直接进入电子信息设备所在的区域,吸取设备散热量后再次排风至室外,热交换和质交换会同时发生;②间接风侧自然冷却过程中,循环风与室外空气仅进行热交换,不进行质交换,室外空气不会直接进入电子信息设备所在的区域。

2.0.12 机械制冷 mechanical refrigeration

根据热力学第一、第二定律,利用专用的技术设备,在机械能、热能或其他外界能源驱动下,迫使热量从低温物体向高温物体转移的热力学过程称为机械制冷。

3 基本规定

3.0.1 数据中心 PUE 应符合国家和本市现行有关规定。

3.0.2 数据中心应按照"以高代低、以大代小、以新代旧"的方式，严控能源消费新增量。

3.0.3 既有数据中心宜开展节能潜力分析，PUE 高于对应的国家或行业标准时，应适时进行节能改造。

3.0.4 当两个或两个以上地处不同区域的数据中心互为备份且数据实时传输、业务连续性满足要求时，数据中心的基础设施宜按容错系统配置，也可按冗余系统配置。

3.0.5 当技术经济合理时，数据中心宜采用太阳能、风能等可再生能源。

4 建筑与建筑热工节能

4.1 一般规定

4.1.1 建筑外墙、屋顶、直接接触室外空气的楼板和楼梯间的隔墙等围护结构的热工设计应符合现行国家标准《工业建筑节能设计统一标准》GB 51245 和现行上海市工程建设规范《公共建筑节能设计标准》DGJ 08—107 的相关规定。

4.1.2 建筑设计宜采用被动式节能设计,根据气候条件,合理利用围护结构保温隔热与遮阳、天然采光、自然通风等措施,降低建筑空调、通风和照明系统的能耗。

4.1.3 建筑可再生能源的系统设计宜与建筑设计同步进行。

4.2 建筑选址

4.2.1 电力供应应充足可靠,应综合考虑市电接入的可靠性和扩展性,宜优先利用现有电力资源。

4.2.2 采用水冷却方式制冷的高建设等级大型数据中心宜在直线距离 300 m 范围内具备一路自来水管网,满足冷却用水需求。

4.2.3 建筑群体布局时,主机房建筑宜考虑利用周边建筑阴影区,同时避开静风区。

4.3 建筑布局

4.3.1 数据中心建筑布局宜考虑可扩展性,降低数据中心在初期运行及空置建筑物的能源消耗,同时在系统扩展过程中不应对已有系统产生影响。

4.3.2 建筑主要朝向应选择本地区最佳朝向或接近最佳朝向,避开夏季最大日照朝向。

4.3.3 数据中心建筑总平面设计应合理确定能源设备机房的位置,宜缩短能源供应输送距离,冷热源机房宜位于或靠近冷热负荷中心集中设置。

4.3.4 主机房建筑布局与结构应考虑密闭或便于采取密闭措施。

4.3.5 建筑布局应考虑有人区域与无人区域分离,避免不必要人员进入主机房区域。

4.3.6 主机房建筑内不应设置员工宿舍。

4.3.7 电子信息设备的使用功能、环境温度等要求相近的机房宜相邻布置,机房空调房间宜集中布置。

4.4 建筑热工

4.4.1 建筑体形宜减少外表面积,控制建筑外表面的凹凸面数量。

4.4.2 主机房区域有外围护结构时,宜根据全年动态能耗分析情况确定部分外围护结构的最优热工性能。

4.4.3 主机房不宜设置外窗。当主机房设有外窗时,外窗的气密性不应低于现行国家标准《建筑外门窗气密、水密、抗风压性能分级及检测方法》GB/T 7106 规定的 8 级要求或采用双层固定式玻璃窗,外窗应设置外部遮阳,遮阳系数按现行上海市工程建设规范《公共建筑节能设计标准》DGJ 08—107 确定。

4.4.4 数据中心的支持区和辅助区若为长期无人房间,宜减少外窗的设置。当不间断电源系统的电池室有外窗时,外窗应有遮阳措施。

4.4.5 主机房楼地面宜采取保温措施。顶部与底部应做好密闭,表面应平整、光滑、不起尘、避免炫光,并应减少凹凸面,满足保温、隔热、防潮、防尘要求。

4.4.6 主机房外墙和屋面外表面宜采用反射隔热涂料。

4.4.7 主机房围护结构热桥部位的内表面温度不应低于室内空气露点温度。

4.5　室内装修

4.5.1 门窗、墙壁、地(楼)面的构造和施工缝隙均应采取密闭措施。

4.5.2 主机房层高过高时,在满足消防要求的前提下,宜增设满足运行维护空间需求的吊顶。

4.5.3 数据中心主机房楼板的上、下层相邻房间的使用功能或使用时间与主机房不同时,应在主机房上、下楼板处按防结露要求采取必要的保温措施。

4.5.4 主机房地面设计应满足使用功能要求,当铺设防静电活动地板时,活动地板的高度应根据电缆布线和空调送风要求确定,并应符合下列规定:

　1 活动地板下的空间只作为电缆布线使用时,地板高度不宜小于 250 mm。活动地板下的地面和四壁装饰,可采用水泥砂浆抹灰。地面材料应平整、耐磨。

　2 活动地板下的空间既作为电缆布线、又作为空调静压箱时,地板厚度不宜小于 500 mm。活动地板下的地面和四壁装饰应采用不起尘、不易积灰、易于清洁的材料。楼板或地面应采取保温、防潮措施,一层地面垫层宜配筋,围护结构宜采取防结露措施。

5 IT 设备节能

5.1 一般规定

5.1.1 数据中心应充分采用 IT 设备的节能技术措施。

5.1.2 新建数据中心应根据业务系统负载测试数据并参考同等规模数据中心运行情况,设计数据中心虚拟化建设方案。

5.1.3 应根据应用系统实际需要进行冗余设计,可承受短时停机的系统冗余度可降低,可采用双活或多活方式的架构替代主(备)模式的设计。

5.2 服务器设备节能

5.2.1 服务器设备的选型应符合下列要求:

1 宜选择低功耗的多核 CPU 处理器,具有关闭空闲处理器的功能,宜采用集成低功耗芯片与内存的主板;宜选择小盘面硬盘、固态硬盘或基于闪存的磁盘。

2 主机设备应具有电源智能管理功能及支持休眠技术,可根据散热需求动态调整风扇转速。设备应根据系统调用要求及负载状态动态调整计算机系统各组件(CPU、硬盘、外设等)的工作及休眠状态,支持任务队列的同步智能调度。设备整体休眠节能效果应不低于 20%。

3 宜采用不低于 80 plus 金牌或同等认证的电源。

4 宜选择扩展性强且对工作环境温、湿度要求相对宽松的设备,避免超前使用过高档次或高配置的设备。

5 在同等性能条件下,宜选择散热能力强、体积小、重量轻、噪声低和易于标准机架安装的设备。

6 宜根据业务要求确定服务器标称性能指标。

5.2.3 条件适宜时,宜采用高压直流服务器。

5.2.4 宜采用节能管理服务器操作系统,包括主机电源管理、服务器休眠级别管理和最大功耗限额等。

5.2.5 应采用服务器集群的分布式电源管理,关闭待机服务器。

5.2.6 条件适宜时,对于高功率密度设备,可采用液冷冷却技术。

5.3 存储设备节能

5.3.1 存储设备的选型应符合下列要求:

1 宜选择具有节能功能的存储架构。

2 应支持分级存储、存储虚拟化、固态硬盘存储、具有合理调配存储资源的功能。

3 应支持在线扩容、虚拟快照、数据压缩、重复数据删除和自动精简配置等节能技术和功能。

4 应选用性能稳定、具有良好扩展性的设备。

5 应支持资产管理功能和存储管理功能。

5.3.2 应定期检查、调试存储设备,并根据运行检测数据进行系统的运行优化。

5.3.3 存储设备应按照业务需要分步扩容。

5.4 网络设备节能

5.4.1 宜简化接入层、汇聚层、核心层的网络规划设计,优化网络架构。

5.4.2 应采用堆叠、集群技术的网络设备。

5.4.3 在同等性能条件下,应采用对工作环境温湿度要求相对宽松、每端口功耗相对较低的设备。

5.4.4 设备选型前宜进行相关能效测试,测试内容应包括:设备是否可关闭无关功能或去掉可插拔模块,设备是否支持统一的业务配置、统一的工作或转发/处理模式,设备工作在不同转发流量下的能耗指标等。

5.5 设备使用

5.5.1 应根据实际业务需要投运设备,避免为满足将来需要而预留过多的性能和容量。

5.5.2 在保证数据中心业务安全性的前提下,应提高 IT 设备的利用率。

5.5.3 宜利用 IT 设备性能监控接口,监测运行中的各 IT 设备的实际功耗、设备使用率和单机柜实际功耗。

5.5.4 在网络安全保证的前提下,对 IT 设备资源的利用宜采用虚拟化和云服务技术。

5.6 设备部署与维护

5.6.1 机柜设备的部署应符合下列要求:

1 满足主机房整体布局及冷热分区的要求,各机柜用电量应与主机房相应区域的制冷量相适应。

2 设备的进排风方向应与机房气流组织的要求一致。

3 各机柜的用电量宜均匀,同机柜内宜部署物理尺寸、用电量及进排风能力接近的设备,单机柜耗电量不宜超过机房设计的机架平均用电量。

4 当机柜用电量差别很大且难以调整时,应将主机房制冷能力与制冷量的分布相结合,合理考虑不同功耗的机柜位置。

5.6.2 机柜宜按规划设计能力饱满使用,若机柜无法一次装满,宜从距离送风口较近的空间开始安装设备。

5.6.3 同一机柜内,功耗较大的设备应安装在距送风口较近的位置。

5.6.4 机柜排列宜保持连续不间断,无法连续时,可采用插满盲板的空机柜或在机柜间安装固定隔板等方式进行补位。

6 电气系统节能

6.1 一般规定

6.1.1 供配电系统在规划设计时,应根据系统负荷容量、用电设备特点、供电线路距离及分布等因素,在设计、运行和管理等方面采用各种先进可行的节能技术、方法和措施。

6.1.2 高建设等级数据中心外市电宜引入一类市电。

6.2 供配电系统

6.2.1 数据中心用户电源容量及电压等级选择应根据当地电力资源现状及发展规划方向确定,且应经过技术经济比较。

6.2.2 数据中心可根据数据使用性质及周边用电环境选择不同的供电系统结构,如 2N、DR、RR、市电+UPS、市电+高压直流等。

6.2.3 对于可实现云化的多个互为备份分布式数据中心,宜按照多个数据中心的整体可靠性考虑。单个数据中心的供电系统冗余度可适当降低,以提高单个数据中心供电系统使用效率。

6.2.4 根据项目实施的分期计划,应合理选择变压器的容量与数量。

6.2.5 配电变压器应选择低损耗、低噪声的节能型变压器,变压器能效指标应不低于现行国家标准《三相配电变压器能效限定值及能效等级》GB 20052 中规定的 2 级。

6.2.6 电力系统应进行合理的无功补偿,对于 IT 设备专用变压器下级应适当减少补偿容量;对于下级带大量变频设备的变压器,在合理补偿的同时,应考虑谐波抑制措施。

6.2.7 UPS 宜采用高可靠、低谐波、低噪声、节能型、模块化产品,其在不同负载率下的效率应满足表 6.2.7 的要求。

表 6.2.7　UPS 效率指标

负载率	10%	25%	50%	75%	100%
效率	≥90%	≥95%	≥96%	≥96%	≥96%

6.2.8 UPS 宜采用 ECO 模式、交流直供、UPS 休眠等运行模式。

6.2.9 数据中心不间断制冷的 UPS 系统可采用非静态 UPS 或与柴油发电机耦合的动态 UPS。

6.2.10 蓄电池室宜单独设置并提供独立空调系统。

6.2.11 蓄电池应按照实际 UPS 负荷配置。

6.2.12 数据中心内宜设置蓄能电站实现峰谷负荷调整,蓄能电站全年蓄能发电量达到总用电量的比例不宜小于 1%。采用锂电池的蓄能电站应具有完备的消防防护措施。

6.2.13 在充分考虑防火、可靠性、经济性的前提下,数据中心蓄电池可采用锂电池等新型电池技术。

6.2.14 当市电引入为一类市电时,柴油发电机组可按照 LTP 功率选择。

6.2.15 入户市电电压等级高于 10 kV 且不存在 10 kV 电压等级时,宜选用 10 kV 中压发电机组。

6.2.16 应对负荷进行分级,采用柴油发电机保障重要负荷,减少柴油发电机配置数量。

6.2.17 用电量 650 kW 以上的冷水机组宜采用 10 kV 中压供电。

6.2.18 冷水机组、水泵、精密空调等宜优先选用低谐波变频设备,减少谐波电流在线路中的含量,降低线路损耗。

6.2.19 数据中心 10 kV/0.4 kV 变压器应深入负荷中心,合理规划线路路由,供电范围不宜超过 200 m,在建筑条件允许的条件下,变压器宜进入负载所在楼层。

6.2.20 应对数据中心配电线路进行经济电流密度计算,选择最合适的线路截面积。

6.2.21 配电线路的走向不应遮挡空调送回风风道。

6.3 照明系统

6.3.1 数据中心照明功率密度及照度应符合现行国家标准《建筑照明设计标准》GB 50034 及《数据中心设计规范》GB 50174 的相关规定。

6.3.2 主机房采用冷、热通道封闭时,通道内部照明宜由通道本身灯具提供,照度值检测应选取通道内照度进行,通道顶部照度应满足管线检修的需要。

6.3.3 无人值守区域宜选用 LED 灯具作为照明光源,LED 灯具能效等级应符合现行国家标准《普通照明用非定向自镇流 LED 灯能效限定值及能效等级》GB 30255 的能效水平要求。人员长期停留的场所,照明产品的光生物安全性应符合现行国家标准《灯和灯系统的光生物安全性》GB/T 20145 规定的无危险类要求。

6.3.4 辅助区、支持区、行政管理区宜充分利用自然采光。地下室区域可设置导光装置,实现自然采光。

6.3.5 主机房照明开关回路应按机柜列间分组,并宜设置照明控制系统,根据维护、值班、安防等不同场景需求自定义程序,实现分组定时开启或关闭。

7 空调系统节能

7.1 一般规定

7.1.1 空调系统设计除应满足现行国家标准《数据中心设计规范》GB 50174 机房等级的相关规定外,尚应符合现行国家标准《民用建筑供暖通风与空气调节设计规范》GB 50736 和《工业建筑供暖通风与空气调节设计规范》GB 50019 的有关规定。

7.1.2 空调系统设计时,应对每个房间进行热负荷和冷负荷计算。

7.1.3 空调系统设计应在保证数据中心的整体建设要求的前提下,对传统空调进行优化,选择适用的空调节能技术,并满足近期建设规模和远期发展。

7.1.4 空调系统设备能效水平应满足现行上海市工程建设规范《公共建筑节能设计标准》DGJ 08—107 的规定以及现行有关国家标准的要求。

7.2 冷源系统

7.2.1 数据中心冷源设置应符合下列规定:

1 建设地周边存在连续稳定、可以利用的废热和工业余热的区域且技术经济合理时,可采用吸收式冷水机组。

2 建设地点存在能够利用的可再生能源且技术经济合理时,应优先采用可再生能源。当采用可再生能源受到气候等原因的限制无法保证时,应设置辅助冷源。

7.2.2 数据中心周边区域有供暖或生活用热需求时,宜设计能量回收利用方案。

7.2.3 数据中心建设地点市政给水资源不足时,应优先采用低水耗的系统;对安全和应用要求高的数据中心宜采用水冷系统和风冷系统相结合的空调系统,且优先使用水冷空调系统。

7.2.4 数据中心冷水机组与舒适性空调系统及其他功能用房的冷水机组宜分别设置。

7.2.5 应综合末端分区情况和建设规划,合理选配数据中心冷水系统设备的台数与容量,满足不同负荷和气候条件下的运行要求,宜采取变频等技术,提升部分负荷时的制冷效率。

7.2.6 数据中心的制冷系统宜采用开式冷却塔,需要对水质进行防污染保护的场合,也可采用闭式冷却塔。冷却塔设备材料的燃烧性能等级不得低于 B1 级。

7.2.7 数据中心有连续供冷需求且采用蓄冷装置的冷冻水系统时,满负荷放冷的能力应满足连续供冷需要支持的时间。蓄冷装置应设置有效的保温措施,室外蓄冷装置在冬季还应有防冻措施。

7.2.8 冷却水补水储水量宜满足系统 12 h 用水。

7.2.9 中央空调冷水、冷却水补水水质等系统应设置相应的水质控制装置,水质应符合现行国家标准《供暖空调系统水质》GB/T 29044 的相关规定。

7.2.10 冷源系统的水泵和冷却塔风扇宜采用变频设备,并应满足长期低负荷的运行工况。

7.3 自然冷却

7.3.1 气象条件许可时,冷源宜采用与自然冷却相结合的方式,全年自然冷源使用时间不宜少于 3 000 h,采用自然冷源设施不应降低数据中心制冷与空调系统冷源的可靠性等级和管理要求。

7.3.2 数据中心采用风冷精密空调时,宜采用氟泵型(冷媒)自然冷却技术。

7.3.3 数据中心自然冷却设施需要和其他制冷设施联合运用,设计时,应考虑增加设备、增加管路、增加运行模式后的系统复杂性,并保证制冷与空调系统的可靠性。

7.3.4 数据中心制冷系统采用开式冷却塔加板式换热器的方式实现水侧自然冷却时,板式换热器阻力不宜超过 60 kPa。

7.3.5 采用风侧自然冷却系统的数据中心应符合下列规定:

　　1 采用风侧自然冷却的空调系统,宜对送风的温度、湿度、含尘量进行控制。室外空气质量不满足电子信息设备要求时,宜采用间接风侧自然冷却的空调形式。

　　2 极端气象或某些特定条件下,采用风侧自然冷却设施不经济、不合理或无法满足使用要求时,应采用机械制冷设施进行补充。

　　3 风侧自然冷却装置宜根据气象条件、水资源情况、数据中心建筑条件等,与蒸发冷却技术结合使用。

　　4 冬季需要运行的设备及有冻结风险的水管和阀门应有防冻设施。

　　5 应避免空调送风、排风之间发生气流短路。

7.4 主机房空调

7.4.1 主机房采用风冷直接蒸发机房空调时,在满足主机房电子信息设备的散热要求的前提下,宜提高蒸发温度,并采用变容量机组。

7.4.2 风冷直接蒸发机房空调的安装应符合下列要求:

　　1 室外机安装位置通风散热效果好,多台室外机之间以及室外机与其他构筑物间的距离应符合设备技术要求。

　　2 有遮阳措施防止阳光直射。

3 室内机与室外机之间的最大管长和最大高差均应符合产品的技术要求。

7.4.3 主机房新风系统应加装不低于现行国家标准《空气过滤器》GB/T 14295 规定的粗效 2 类空气过滤器,宜进行防腐过滤,可设置亚高效空气过滤器和化学过滤装置,新风系统的风机宜采用变风量风机进行调节控制。

7.4.4 主机房或其他区域设有集中新风系统,新风量大于或等于 4 000 m³/h 且新风与排风的温差大于或等于 8 ℃时,宜设置空气-空气能量回收装置。

7.4.5 采用集中处理新风系统的新风送风口宜位于机房空调的回风口,新风系统应采取有效的温湿度控制,且机房的新风送风口表面不得结露。

7.4.6 主机房湿度宜采用专用设备控制,并宜采用温湿度独立控制的策略。

7.5 气流组织优化

7.5.1 当机柜(架)内的设备为前进风/后出风冷却方式且机柜自身结构未采用封闭冷风通道或封闭热风通道方式时,机柜(架)的布置宜采用面对面、背对背方式。

7.5.2 主机房空调系统的气流组织形式,应根据电子信息设备本身的冷却方式、设备布置方式、设备散热量、室内风速、防尘和建筑条件综合确定,并宜采用计算流体动力学对主机房气流组织进行模拟和验证。当电子信息设备对气流组织形式未提出要求时,主机房气流组织形式、风口及送回风温差可按表 7.5.2 选用。

表 7.5.2 主机房气流组织形式、风口及送回风温差

气流组织形式	下送上回	上送上回（或侧回）	侧送侧回
送风口	1. 活动地板风口（可带调节阀） 2. 带可调多叶阀的格栅风口 3. 其他风口	1. 散流器 2. 带扩散板风口 3. 百叶风口 4. 格栅风口 5. 其他风口	1. 百叶风口 2. 格栅风口 3. 其他风口
回风口		1. 格栅风口 2. 百叶风口 3. 网板风口 4. 其他风口	
送回风温差		8 ℃～15 ℃送风温度应高于室内空气露点温度	

7.5.3 对单台机柜发热量大于 3 kW 的主机房,宜采用活动地板下送风/上回风、侧送风、行间空调前送风/后回风等方式,并应采取冷热通道隔离措施;地板下送风处宜设置导流板。

7.5.4 采用活动地板下送风/上回风方式时,应符合下列规定:

1 应通过计算确定架空地板的净高,架空地板下的送风断面风速控制不宜大于 3 m/s,活动地板高度不应小于 500 mm。

2 开孔地板应布置在冷通道,没有安装机柜或暂时没有运行的机柜前,地板应为无孔型,也可采用具有开启/关闭功能的开孔地板。

3 开孔地板和回风口宜采用有效通风面积大、风量可调节的地板或风口。

4 架空地板下的通风空间不宜存在气流障碍物。确实需要安装管线或其他障碍物时,宜通过气流模拟,确保不会影响机架的散热。

5 应合理安装机柜(机架)内的线缆,按需布放、捆扎合理,防止气流受到阻碍,进出线孔洞有密封器件。

7.5.5 采用房间级精密空调时,若空调送风距离大于 15 m,应在机房两侧布置空调室内机,从机房两端送风。

7.5.6 空调送风口的开口面积应根据计算确定,并应能灵活地调整出风量。

7.5.7 主机房采用弥漫式侧送风时,机组上部应设吊顶回风,并通过封闭热通道将冷、热气流完全隔离。

7.5.8 冷通道封闭的门、机柜和地面接触的地方应采用挡风隔热材料封闭,通道门和顶板宜采用隔热效果好的双层中空覆膜钢化玻璃。

7.6 负荷调节与控制

7.6.1 数据中心内承载显热负荷的冷水系统,在满足主机房电子信息设备的散热要求的前提下,应提高冷水的供水温度,加大供回水温差。

7.6.2 空调系统设有多种运行模式时,监控系统应能根据室外气象条件与室内负荷选择并平滑切换运行模式。

7.6.3 数据中心空调系统冷源侧和末端侧应设置群控功能,冷源侧可根据系统负荷变化和冷水机组特性制定运行策略,末端侧可根据系统负荷变化和故障冗余度制定运行策略。

7.6.4 主机房的运行环境应满足电子信息设备的使用要求,并宜提高电子信息设备的进风温度。

7.6.5 应根据主机房设备的负载变化及季节变化适时调整送风口开度和送风方向确保室内气流组织合理。

7.6.6 空调监控系统宜具备存储历史数据的功能,并可利用软件对冷机制冷效率、系统运行效率等数据进行分析,优化系统运行。

8 给排水系统节能

8.1 一般规定

8.1.1 应按照不同用途合理配置用水计量装置。

8.1.2 水泵、用水器具应优先采用节能产品和节水产品。

8.1.3 主机房地面应有排水系统,与主机房无关的给排水管道不应穿越主机房。如需穿越主机房,给水管道应通过严格的压力测试。

8.2 节水措施

8.2.1 给水系统应充分利用市政自来水的供水压力。

8.2.2 给水泵房和蓄水水池应接近用水部位。

8.2.3 在保障安全供水的原则下,应按市政供水条件合理确定给水系统压力分区。

8.2.4 当采用加压供水方式时,应选择合理的加压方式。

8.2.5 应根据管网水力计算合理选择和配置给水泵,使水泵在非应急工况下工作时高效运行。

8.2.6 应采取有效措施避免管网漏损和水箱(水池)溢水。

8.2.7 应采取有效措施减少冷却塔排污率和飘水率。

8.3 管道敷设

8.3.1 数据中心内的给排水管道应采取防渗漏和防结露措施。

8.3.2 给排水管道如穿过主机房的,应暗敷或采取防漏保护的套管。管道穿过主机房墙壁和楼板处应设置套管,管道与套管之间应采取密封措施。

8.3.3 主机房和辅助区设有地漏时,应采用洁净室专用地漏或自闭式地漏,地漏下应加设水封装置,并应采取防止水封损坏和反溢措施。

8.3.4 数据中心内的给排水管道及其保温材料应采用燃烧性能不低于 B1 级的材料。

9 节能运行管理

9.1 一般规定

9.1.1 数据中心运行管理应根据数据中心运行特点、能效参数、用户需求及设备特性等，经技术经济比较，制定阶段节能运行方案。

9.1.2 数据中心运行管理应为实现节能目标提供足够的资源，包括人力、技术、物资、资金、办公等资源，应完善突发事件的针对性防范措施及应急预案。

9.1.3 数据中心应设置监控中心，并应配置环境和设备监控系统、能耗监测系统、基础设施管理系统等智能化系统。

9.2 设备经济运行

9.2.1 数据中心运营管理应具有完善的节能运行维护管理体系。

9.2.2 应按要求成立数据中心节能工作小组，专人负责节能事务，制定数据中心的能源管理流程和制度，建立能耗测试数据、能耗计算和考核结果的文件档案。

9.2.3 IT 设备管理人员应参与数据中心能源管理的策划和执行，确定合理的控制标准，研判影响数据中心 IT 设备能耗的主要因素，当发现重大偏差时，及时采取纠正措施。

9.2.4 应定期检查、调试基础设施设备，并根据运行检测数据进行设备系统的运行优化。

9.2.5 宜定期采用 CFD 气流模拟方法对主机房气流组织进行验证。

9.3 数据分析

9.3.1 数据中心能耗监测系统计量表具应经检定或校准合格后再安装使用，且应定期维护和精度校正。

9.3.2 应在数据中心 PUE、WUE 等运行数据基础上进行定期分析，优化运行控制与管理策略。

9.3.3 数据中心可分区域进行电能使用效率分析，并结合环境监控数据和气流组织情况进行优化。

10 节能评估

10.0.1 数据中心竣工并投入使用一年后,当上架 IT 设备的实际运行功率达到机架设计总功率的 70% 及以上时,宜开展节能评估。

10.0.2 数据中心开展节能评估前,应部署完成用能在线监测系统,并具备对外开放接口,可上联到上级公共用能监测平台。

10.0.3 用能在线监测系统监测内容应包括总能耗、总耗水、IT 总耗电、可再生能源使用量、蓄电量、蓄冷量等,在此基础上计算得到 PUE、pPUE、CLF、PLF、RER、WUE 等指标。共用冷水系统的数据中心与办公用房等其他区域的设备和系统能效应分别计量。

10.0.4 数据中心节能评估体系应包括基础项和规定项评估,基础项评估对象为数据中心 PUE 值,规定项评估包括技术评估、管理评估和创新性探索三个单元。

10.0.5 规定项评估满分为 82 分,评估时应将实际得分换算成百分制得分。规定项评估应符合表 10.0.5 的规定。

表 10.0.5　数据中心节能规定项评估表

序号	评估类别	项目	评分规则	满分
1	技术类	建筑节能	在冬季保温、夏季隔热、防结露、密封和空间布局等方面采用了相关节能措施,并取得了较好的节能效果。每项措施得 2 分,满分 12 分	12
2		IT 设备节能	采用能效等级较高的服务器、存储、网络设备和虚拟化软件等产品或技术,取得了较好的节能效果。每项措施得 2 分,满分 10 分	10
3		电气系统节能	在供配电系统、照明、可再生能源利用、节能控制方面采用了相关节能产品或技术,取得了较好的节能效果。每项措施得 2 分,满分 10 分	10

序号	评估类别	项目	评分规则	满分
4	技术类	空调系统节能	在空调设备选型、气流组织、自然冷却、节能控制等方面采用了相关节能产品或技术,取得了较好的节能效果。每项措施得2分,满分16分	16
5	技术类	运行监测	实现机房内主要空间温度场全覆盖计量的,得4分	4
			根据本标准第10.0.3条的规定开展用电量、用水量、供冷量等能源消耗数据监测,且数据准确、完整。每监测一个对象得1.5分,满分6分	6
			根据本标准第10.0.3条的规定开展PUE、pPUE、CLF、PLF、RER、WUE等能效指标数据监测和分析,且数据准确、完整。每监测一个指标得1.5分,满分6分	6
6	管理类	节能运行管理	在节能管理机构建设、工作制度和日常运行等方面开展了有针对性的节能措施,取得了较好的节能效果。每项措施得2分,满分8分	8
7	创新类	创新性探索	在国内或上海率先开展某项节能新技术、新工艺和新产品的实际应用取得了较好的节能效果。每项措施得5分,满分10分	10

10.0.6 数据中心节能等级划分应符合表10.0.6的规定。

表10.0.6　数据中心节能评估等级

节能评估等级	基础项	规定项
一级	PUE≤1.3	—
二级	1.3<PUE≤1.5	如规定项得分超过80分(满分100分),则应再加一级
三级	1.5<PUE≤1.8	

本标准用词说明

1 为了便于在执行本标准条文时区别对待,对要求严格程度不同的用词说明如下:

1)表示很严格,非这样做不可的用词:

正面词采用"必须";

反面词采用"严禁"。

2)表示严格,在正常情况下均应这样做的用词:

正面词采用"应";

反面词采用"不应"或"不得"。

3)表示允许稍有选择,在条件许可时首先这样做的用词:

正面词采用"宜";

反面词采用"不宜"。

4)表示有选择,在一定条件下可以这样做的用词:

正面词采用"可";

反面词采用"不可"。

2 标准中指明应按其他有关标准、规范执行的写法为:"应按……执行"或"应符合……的要求(或规定)"。

引用标准名录

1 《建筑外门窗气密、水密、抗风压性能分级及检测方法》GB/T 7106

2 《空气过滤器》GB/T 14295

3 《三相配电变压器能效限定值及能效等级》GB 20052

4 《灯和灯系统的光生物安全性》GB/T 20145

5 《供暖空调系统水质》GB/T 29044

6 《普通照明用非定向自镇流 LED 灯能效限定值及能效等级》GB 30255

7 《工业建筑供暖通风与空气调节设计规范》GB 50019

8 《建筑照明设计标准》GB 50034

9 《数据中心设计规范》GB 50174

10 《公共建筑节能设计标准》GB 50189

11 《民用建筑供暖通风与空气调节设计规范》GB 50736

12 《工业建筑节能设计统一标准》GB 51245

13 《公共建筑节能设计标准》DGJ 08—107

上海市工程建设规范

数据中心节能技术应用标准

DG/TJ 08—2347—2021
J 15646—2021

条文说明

2021 上海

目　次

Contents

1 总　则

1.0.1　随着我国信息化、大数据的快速发展及智慧城市的建设需要,以大数据、云计算为代表的新兴信息技术,已全面融入社会生产、生活和治理,并将深刻改变全球经济格局、利益格局与安全格局。数据中心作为实施这些需求的重要基础设施,已成为我国国家发展转型升级的重要战略资产。数据中心主要用于存放服务器、存储设备和其他联网设备,这些设备在保存海量数据的同时,也为云计算提供必需的计算力。数据中心全年不间断运行,会产生大量的热量,为使数据中心稳定安全运行,需要全年制冷降温,其能耗使用密度超过普通办公建筑数倍以上。数据中心高速发展导致消耗大量的能源资源,产生大量的温室气体排放,成为当前公共建筑能耗的大户之一。据有关资料统计,2018 年我国数据中心总耗电量已经约 630 亿 kW·h,占全社会用电量的 0.9%。

　　《上海市推进新一代信息基础设施建设助力提升城市能级和核心竞争力三年行动计划(2018—2020 年)》(沪府办发〔2018〕37 号)关于基础设施的要求:推进数据中心布局和加速器体系建设。统筹空间、规模、用能,加强长三角区域协同,布局高端、绿色数据中心,2020 年年底新建机架控制在 6 万个,总规模控制在16 万个。推动数据中心节能技改和结构调整,存量改造数据中心PUE 不高于 1.4,新建数据中心 PUE 限制在 1.3 以下。如果按照传统的成熟方案进行设计,几乎很难达到 1.3 的要求的,需要从业者采用更加有效的节能方案。

1.0.2　本标准所述数据中心包括互联网数据中心、企业级数据中心和金融数据中心。

3 基本规定

3.0.1 根据《上海市推进新一代信息基础设施建设助力提升城市能级和核心竞争力三年行动计划（2018—2020 年）》（沪府办发〔2018〕37 号）要求：存量改造数据中心 PUE 不高于 1.4，新建数据中心 PUE 限制在 1.3 以下。考虑到新建数据中心通常分批投入，因此，PUE 第一年不应高于 1.4，第二年不应高于 1.3。

PUE 指标综合考虑若干技术对数据中心自身及城市整体能效提升的作用，鼓励技术的有效应用。PUE 指标以 $PUE_{综合}$ 作为对各数据中心的约束条件，根据《上海市互联网数据中心建设导则（2019 版）》，$PUE_{综合}$ 的计算公式为

$$PUE_{综合} = \left(\sum P_{外供电} + \sum P_{外供油} + \sum P_{外供气} + \sum P_{外供冷} \right) \Big/ \sum P_{IT} - \sum \gamma_i$$

公式中 γ_i 说明如下：

1) $\gamma_{可再生}$ 因子衡量在被评价数据中心建筑或园区内利用太阳能、风能等可再生能源的程度。

2) $\gamma_{峰谷蓄电}$ 因子衡量被评价数据中心采用蓄能电站实现峰谷负荷调整改善城市整体能效的程度。

3) $\gamma_{错峰蓄冷}$ 因子衡量被评价数据中心采用蓄冷技术降低峰值电能负荷的程度。

4) $\gamma_{外供冷}$ 因子衡量被评价数据中心有效利用周边企业生产过程中产生的废弃冷、热源的程度。

5) $\gamma_{液冷}$ 因子衡量被评价数据中心液冷系统的使用程度。采用浸没式液体冷却、冷板式液体冷却、喷淋式液体冷却方

式等运行的机架功率占实际运行机架总功率的比例。

6）$\gamma_{能耗计量}$ 因子衡量被评价数据中心能耗计量细致化的程度。

各调节因子 γ_i 的取值可参考《上海市互联网数据中心建设导则（2019 版）》及本市现行数据中心相关标准的规定。

3.0.2 数据中心"以高代低、以大代小、以新代旧"，即"以高能效代替低能效、以大规模代替小规模、以新技术代替陈旧技术"的方式。《上海市互联网数据中心建设导则（2019 版）》规定数据中心应坚持"限量、绿色、集约、高效"，在满足必需和限制增量的前提下，建设"存算一体、以算为主"的高水平 IDC。新建 IDC 数据中心单项目规模宜控制在 3 000 个～5 000 个机柜，平均机架设计功率不低于 6 kW，机架设计总功率不低于 18 000 kW。

3.0.4 冗余指重复配置系统一些或全部部件，当系统发生故障时，重复配置的部件介入并承担部件的工作，由此延长系统的平均故障间隔时间。容错指具有 2 套或 2 套以上的系统，在同一时刻，至少有一套系统在正常操作。按容错系统配置的基础设备，在经受住一次严重的突发设备故障或人为操作失误后，仍能满足电子信息设备正常运行的基本需求。容错的目的是为了提高系统的可靠性，对于某些故障率非常低的大型设备（如冷水机组），采用 $N+X(X=1\sim N)$ 冗余、双路由方式，既可以节省建设投资，又可以满足系统可靠性的要求。

4 建筑与建筑热工节能

4.1 一般规定

4.1.1 降低建筑物本体能耗是建筑节能的重要内容之一,建筑物围护结构能耗在数据中心总体能耗中占有一定的比例,也是节能降耗应重点关注的一个方面。

4.1.2 自然通风、保温隔热与遮阳等被动式节能技术,可以减小环境对建筑节能的不利影响,能够缩短暖通空调设备的运行时间、降低设备负荷,起到节能的作用。单纯依赖暖通、空调和照明系统等主动式环境控制技术,无法从根本上达到节能的目的。

4.2 建筑选址

4.2.1 为保证电力供应,数据中心宜靠近 220 kV 以上等级且配置冗余度高的电源点。

4.3 建筑布局

4.3.1 主机房建筑布局与结构密闭或便于采取密闭措施,有利于机房正压的建立并且降低新风量的需求,以降低能源消耗。

4.3.5 有人区域与无人区域分离,可避免不必要人员进入主机房区域,减少因照明、新风以及冷量损失等造成的额外能源损耗。

4.4 建筑热工

4.4.1 本条参考《中国联通绿色 IDC 技术规范》QBCU 008—2010 建筑节能设计的一般原则。数据中心建筑的体形设计宜减少外表面积,控制建筑外表面的凹凸面数量,以控制其体形系数。

4.4.2 一般民用建筑的外围护结构强调夏季"隔热"、冬季"保温",二者对外围护结构传热性能的要求趋势是一致的,即传热系数越小对室内环境保持和节能越有利。而数据中心的主机房则不同,其同样强调夏季的隔热,但在进入过渡季和冬季后,降低保温性能有利于散热,反而对数据中心的室内环境保持和节能有利。由于所处地域的差别,不能对全国的数据中心作出定量的统一规定,故要求通过全年动态能耗分析确定对应主机房区域外围护结构的最优值。

虽然过渡季和冬季降低外围护结构保温性能是有利的,但必须满足防止结露的基本热工性能要求。

4.4.4 减少外窗设置,既能防止因吸收太阳辐射热而消耗能量,又能保持数据中心的正压值,防止机房温度随外界温度的变化而波动。

4.4.7 在围护结构中窗过梁、圈梁、钢筋混凝土抗震柱、钢筋混凝土剪力墙、梁、柱等部位的传热系数远大于主体部位的传热系数,形成热流密集通道,即为热桥。应采取措施避免围护结构热桥部位内表面产生结露,同时也应避免夏季空调期间这些部位传热过大而增加空调能耗。

4.5 室内装修

4.5.1 建筑屋面如设有空调室外机等各类设备基础及工艺孔洞时,应采取有效的防水、防漏措施。

4.5.2 增设吊顶可减少空调空间。

5 IT 设备节能

5.1 一般规定

5.1.1 数据中心 IT 设备包括数据中心内提供计算、网络和存储服务的硬件设备和软件系统。数据中心的 IT 设备节能管理功能指 IT 设备根据节能管理的要求调节运行状态的能力，如电源休眠功能、功耗限额、风扇转速调整等。数据中心应支持和鼓励数据中心用户或租户的节能管理，可利用单机柜电流监测、提高机柜利用率、模块化接入等措施提升数据中心用户的节能效果。

5.1.2 数据中心规模的主要判断依据为机架数。

5.1.3 通过减少所需要的物理冗余设备，在保证应用系统的可用性的情况下实现系统的节能。例如，可以通过在其他服务器快速重启虚机的方式恢复应用，减少用于后备的物理服务器数量；利用负载均衡技术构建分布式应用架构，既避免了只能作为后备用的系统，又获得高可用服务；通过采用多活捆绑链路方式的网络架构，可以避免使用传统生成树协议造成的物理端口冗余。

5.2 服务器设备节能

5.2.1 服务器设备选型可参考 Energy Star、SpecPower_ssj_2008 测试指标参数。此外，不能将单纯增加 CPU 主频作为衡量产品性能的最重要指标，因为主频越高能耗就越多，而是应当以标称性能为衡量指标。

5.2.3 高压直流服务器的应用需要根据不同的工程项目条件，进行技术经济分析后实施。既有项目需在用户已有设备可以满足直流供电的情况下推进实施。

5.2.5 通过将空闲服务器的任务迁移集中到其他服务器后,可关闭空闲服务器,需要时可自动重新启用关闭的服务器,根据业务需求的潮汐现象,保持服务器的使用率,进一步降低服务器功耗,如 Vmware 的分布式电源管理(DPM)功能。

5.2.6 传统的风冷散热方式对降低数据中心能耗具有一定的效果,但对于高密度大型数据中心,液冷技术能带来更加直接的散热优势。通常,当单机柜平均功率超过 30 kW 时,可考虑散热效率更高的芯片级或浸入式液冷技术。浸没、冷板、喷淋是目前液冷的三种主要部署方式,且都已有市场应用。部分液冷技术与服务器设计密切相关。

5.3 存储设备节能

5.3.1 通过技术手段减少物理存储和逻辑存储的使用量,可以达到节能的目的。具体手段包括:定义数据管理策略,明确需要保存的数据、数据保存的时间和数据保护级别;采取分层存储策略,按性能、可用性、数据保护方式等划分服务级别,为数据选择不同类型的存储介质;选择支持标准协议进行运行状态数据采集的存储设备。

5.3.2 定期检查、调试存储设备工作可包括:制定数据管理策略减少总数据量,如定期清理、归档数据;减少总的存储容量,降低存储的副本数量和逻辑镜像、物理镜像的数量;采用存储系统的数据精简和数据压缩功能;使用存储系统的"快照""克隆"功能;使用低耗电的离线存储设备(光盘存储、磁带存储等)用作归档数据的长期保存设备。如分层存储模式可按表1进行。

5.3.3 为提高设备利用率,应按照业务需要逐步扩容,避免以一步到位的方式进行存储规划。

表 1 分层存储模式

数据层	0 层	1 层	2 层	3 层
层内数据量	1%～3%	12%～20%	20%～25%	43%～60%
主要技术	SSD(闪存)	高端磁盘阵列	中端磁盘阵列	磁带、光盘库、异地数据仓库
数据分类	I/O 密集型、响应时间关键型	联机账务或事务处理、创收型应用	重要、敏感、对业务重要的应用	存档、固定内容、合规性、参考数据
可用性	99.999%	99.999%	99.990%	99.0%～99.9%
可接受停机时间	无	无	<5 h/年	<1 d/年
问题响应	<2 h	<2 h	<5 h	<24 h
备份的 RPO	<4 h	<4 h	<12 h	1 d 或更久
应用程序的 RTO	<1 h～2 h	<1 h～2 h	<5 h	<24 h
灾难保护	必需	必需	某些应用	某些存档
数据恢复	镜像、复制	镜像、复制	定时备份	本地和远程备份
能耗/GB	低	最高	高	最低

5.4 网络设备节能

5.4.1 传统的网络架构都是以接入层、汇聚层、核心层三层设计的,网络设备数量较多,可以考虑简化为接入层、核心层两层网络架构设计,减少交换机的投入,降低能耗的使用。例如,十万兆链路比万兆或千兆捆绑更具能耗优势并简化网络拓扑;跨机箱链路捆绑比生成树协议(Spanning Tree)方式减少备用端口数量;数据中心可以构建底层承载网(Underlay Network),通过虚拟覆盖网(Overlay Network)灵活支持业务的网络需要。

5.5 设备使用

5.5.1 IT 设备在进行容量规划时,宜采用可以按需扩展的架构,并宜进行 IT 设备的整合,同时采用更具能效的设备。

5.5.2 提高 IT 设备的利用率举措可包括:

1 根据数据中心规模,合理配置维护终端、网管服务器和 KVM 设备等的数量。

2 统筹考虑数据中心内的各类计算、存储和网络资源,采用松耦合架构配置各类资源,实现资源的共享和灵活调度,可根据资源消耗比例灵活增加或减少某类资源的配置,使得资源配置优化,真正做到按需最优配置。

5.5.3 利用 IT 设备的电源管理模块或者操作系统对设备的功耗和业务负载情况进行 IT 设备的功耗数据分析,可以提高功耗监测的细致程度,优化数据中心运行的节能管理。数据中心可配备采集 IT 设备运行状况的设施,通过带内或带外方式对 IT 设备的运行状态(功耗、CPU 使用率等)进行采集,运行状况数据可以通过 IPMI、Redfish 等支持带外(out-of-band)和带内(in-band)管理的标准进行采集。

5.5.4 在计算机中,虚拟化(Virtualization)是一种资源管理技术,是将计算机的各种实体资源,如服务器、网络、内存及存储等,予以抽象、转换后呈现出来,打破实体结构间的不可切割的障碍,使用户可以比原本的组态更好的方式来应用这些资源。这些资源的新虚拟部分是不受现有资源的架设方式、地域或物理组态所限制。利用云服务技术可实现用户需要的服务器、存储、网络等设备的功能,在云计算环境中用户不需要关心实现这些功能的物理资源,使数据中心具备更大的优化自由度,更高效地进行资源利用。

5.6　设备部署与维护

5.6.4　安装挡风板可防止冷热风短路。

6 电气系统节能

6.1 一般规定

6.1.2 国家标准《通信电源设备安装工程设计规范》GB 51194—2016 第 3.0.1 条第 1 款指出:一类市电供电应从两个稳定可靠的独立电源各引入一路供电线。该两路不应同时出现检修停电,平均每月停电次数不应大于 1 次,平均每次故障时间不应大于 0.5 h。

6.2 供配电系统

6.2.2 2N、DR、RR 解释如下:

2N 系统:由两个独立的供配电系统组成,两个系统同时工作且互为备用。在正常运行时,每个系统各自负担 50% 的负载;当一个系统因故停止运行时,另一个系统能独自负担 100% 的负荷。

分布冗余系统(DR,Distribution Redundancy):由 N($N \geqslant 3$)个配置相同的供配电系统构成,N 个系统同时在线。将负荷均分为 N 组,每个供电系统为本组负荷及相邻组负荷供电。在正常运行时(以 $N = 3$ 为例),每个供电系统的负载率为 66%;当一个系统因故停止运行时,与其对应的相邻组供电系统继续为负荷供电。

后备冗余系统(RR,Reserve Redundancy):由多个供配电单元组成,其中一个单元作为其他运行单元的备用。当一个运行单元发生故障时,通过电源切换装置,备用单元继续为负载供电。

6.2.14 限时运行功率(LTP):在商定的运行条件下并按照制造商的规定进行维护保养,发电机组每年运行时间可达500 h的最大功率。按100%限时运行功率,每年运行的最长时间为500 h。上海市一类市电的保障要求为:市电供电平均每月停电次数不应大于1次,平均每次故障时间不应大于0.2 h。在外市电引入一类市电的情况下,柴油发电机组采用LTP功率可以满足使用要求。

  6.2.16 数据中心内的三级负荷可以不纳入柴发供电范围,减少柴油发电机的供电负担,降低投入,节省燃油储备。

6.2.20 配电线路的优化有利于缩短线路长度,降低线路损耗。

6.3 照明系统

6.3.2 主机房内应避免通道内和通道外照明灯具重复设置,只要通道内操作区照度达到要求即可。

7 空调系统节能

7.1 一般规定

7.1.1 对安全和应用要求高的容错或冗余级机房的制冷与空调系统的设置、可靠性和可用性也应达到相对应等级要求。数据中心制冷与空调系统应设置容错或冗余系统,当任一部件故障或维护时,不应影响电子信息设备的正常运行。数据中心的不同区域可以采用不同的性能等级,各自承担不同的信息系统业务。对应的制冷与空调系统,不应低于该区域的性能等级的要求。

数据中心的辅助区、支持区和行政管理区等(如 ECC、培训区)空调及通风系统还须符合现行国家标准《民用建筑供暖通风与空气调节设计规范》GB 50376 和《工业建筑供暖通风与空气调节设计规范》GB 50019 的规定。

7.1.2 通过全年能耗模拟计算,对空调系统设计方案进行对比分析和优化,对空调系统节能措施进行评估,对空调系统全年能耗作出预判,并计算电能利用效率。

7.1.3 目前,上海地区数据中心空调系统先进适用的节能技术包括直流变频行级空调技术、变频离心式冷水机组、节能节水型冷却塔、蒸发冷却式冷水机组、间接蒸发空调、模块化间接蒸发冷却机组、氟泵自然冷却、热管冷却、微模块数据中心技术、基于热管技术的模块化数据中心等。

7.1.4 空调系统能效标准包括现行国家标准《冷水机组能效限定值及能效等级》GB 19577、《多联式空调(热泵)机组能效限定值及能源效率等级》GB 21454 以及现行上海市地方标准《冷却塔能效限定值、能源效率等级及节能评价值》DB 31/414、《闭式冷却塔节能评价值》DB 31/T 959 等。

7.2 冷源系统

7.2.2 能量回收利用方案可以考虑用冷凝热回收作热泵补热,用全热交换系统作风侧热交换给数据中心内监控或办公等有人区域提供辅助热源。

7.2.3 水冷冷水机组的能效比较高,更节约能源。

7.2.4 数据中心主机房区的空调系统的冷源不宜与辅助区、支持区和行政管理区等(如 ECC、培训区等)的空调冷源(如舒适性空调多联机)混用,因主机房与有人区域等功能房对空调应用需求不同,所以对空调运行性能、可靠性要求不同等。

7.2.6 开式冷却塔与空气有潜热和显热的交换,换热效率更高,宜优先选用。在冷却液不能与大气接触或在系统压力不能满足要求时,采用闭式冷却塔。闭式塔体积较大,屋面安装空间可能受限。此外,冷却塔设备往往会在屋面或室外空地上集中布置,一旦发生火灾,就可能蔓延到周边其他的冷却塔,有可能多套制冷系统受影响。鉴于此,本条对冷却塔设备的防火性能提出了要求。通常,镀锌钢或不锈钢材质的冷却塔防火性能更优。

7.2.7 采用蓄冷装置,要求蓄冷装置的蓄冷时间不小于不间断电源设备供电时间或柴油发电机启动和稳压输出的时间。建议采用冷冻水同温蓄冷,可以更节能,但缺点是蓄冷装置体积较大。当蓄冷装置安装受限时,可采用异温蓄冷,需要单独配保冷机组,但配合冰蓄冷可以错峰用电。蓄冷装置放冷时,需在短时间内支持主机房电子信息设备的全部负荷,蓄冷装置及配套设备应有快速放冷措施,确保该功能的实现。同时蓄冷装置需设置有效的保温措施,确保其热损耗在可控范围。

7.2.9 为了节约使用数据中心水资源,冷却水系统不应直接排放,而是采用收集处理循环使用的方式。在开式冷却塔系统中,控制冷却水质的目的是为了避免冷却水系统中的水垢、污垢、微生物等杂质使冷却塔和冷凝器的传热效率降低、水流阻力增加、腐蚀设备及管道。水质控制措施可采用物理、化学药剂相结合的处理方式,物理方法(全滤、旁滤)运用得当时,有利于减少化学药剂的添加。

7.3 自然冷却

7.3.1 满足电子信息设备对运行环境的要求且技术经济合理时,数据中心空调系统采用自然冷却技术,可以降低空调系统的机械制冷能耗。具体采用何种自然冷却装置,该如何将自然冷却装置与制冷设备搭配使用,需要根据数据中心建设地点的气象参数、空气质量、资源情况、初投资及运行费等因素综合分析,技术经济合理时,应充分利用。

自然冷却制冷主要有直接制冷和间接制冷两种方式,可以根据不同情形选择合适的方式。自然冷却是一种可靠、节能的好方法,但是受室外温度限制。因此,在建设机房的时候应先考虑气候凉爽地区,以便使用这种制冷方式,实现数据中心的绿色节能。自然冷却是数据中心节能运行的重要技术措施,具有多种可行方案,包括水侧自然冷却、风侧自然冷却和冷媒自然冷却等,决策前应根据气象条件,对多种可行方案进行对比分析和技术经济论证,选择更节能、更经济或对管理更有利的技术方案。

7.3.2 氟泵型空调系统是一种高效的冷媒侧自然冷却技术,冷媒自然冷却技术主要是利用室外冷空气,通过冷媒泵等设施实现供冷,以替代或减少空调压缩机的功耗。

7.3.3 在自然冷却模式下,制冷机组的压缩机会部分或完全转为旁通的运行。采用自然冷却技术,可以降低能源消耗,但由于增加设备、管路和运行模式后可能会令制冷与空调系统及相应的自控系统变得更复杂,某些情况甚至有可能会影响到制冷与空调系统的可靠性,因此需要在设计时予以防范。在采用自然冷却模式下,智能控制系统建议采用具备先进的人工智能算法的控制系统,根据 IT 负载与外环境温湿度自适应、自优化调节各类设备的运行模式。

7.3.4 在气象条件允许的情况下,数据中心的制冷系统利用室外空气对载冷流体(冷水或添加了乙二醇的冷水)进行水侧自然冷却而不需要机械制冷的冷却过程称为水侧自然冷却。水侧自然冷却技术主要体现在冷水的设备中。冷水的供应可以采用的自然冷却方式有:开/闭式冷却塔直供、开式冷却塔+板换、干冷器、干冷器加以蒸发冷却等。板式换热器的阻力与循环水泵的能耗密切相关,采用低阻力产品有利于节能。

7.3.5 在气象条件允许的情况下,数据中心的制冷系统利用室外空气对载冷空气进行冷却而不需要制冷的冷却过程称为风侧自然冷却。空气侧自然冷却分为直接风侧自然冷却或间接风侧自然冷却。直接风侧自然冷却过程中室外空气携带冷量直接进入电子信息设备所在区域,吸收设备散热量后再次排风至室外。间接风侧自然冷却过程中室内循环风与室外空气仅进行热交换,室外空气不会直接进入电子设备所在区域。

7.4 主机房空调

7.4.2 风冷直接蒸发式空调的能耗与空调室外机的散热条件有关,机组布置时应保证室外机进、排风的畅通,防止进、排风短路,保证充分散热。室外机数量较多时,可对室外机的部署条件进行气流组织模拟,避免热岛效应。

7.4.6 机房空调只需进行显热处理,不需进行潜热处理,采用独立的湿度控制设备(如湿膜加湿器等)进行湿度控制,更有利于机房空调的节能。

7.5 气流组织优化

7.5.1 机房的机柜组采用"面对面、背靠背"的机柜摆放方式,两排机柜的正面面对通道中间布置冷风出口,形成一个"冷通道"的冷空气区,冷空气流经设备后形成的热空气,排放到两排机柜背面的"热通道"中,使整个机房气流、能量流动通畅,减少冷热空气的混合。实现机房电子信息设备机柜间的冷通道封闭,从机房级冷却提升为机柜区域级冷却,能充分利用冷量和有效提升送回风温差,有利于提高机房空调冷风的利用率。

7.5.2 主机房的气流组织应满足房间内所有电子信息设备的散热要求,可通过气流组织模拟进行方案比选,对机架发热量要求散热的气流组织作出合理设计。采用计算流体动力学(CFD)气流模拟方法对机房气流组织进行验证,通过 CFD 模拟评估、分析的结果,可以事先发现问题,减少局部热点的发生和冷热空气的混合,修正和优化数据中心机房的气流组织,优化机房温度场、速度场的气流组织效率,使机房空调系统达到最佳工况,保证设计质量,从而达到降低运营成本和节能的目的。

7.5.3 从节能的角度出发,机柜间采用封闭通道的气流组织方式可以提高空调利用率。单机柜平均功率大于 3 kW 时,应进行冷热通道封闭。行间空调贴近热源设置、水平送风,能支持更高功率密度的机柜。随着电子信息技术的发展,机柜的容量不断提高,设备的发热量将随容量的增加而加大,为了保证电子信息系统的正常运行,对设备的降温也将出现多种方式,各种方式之间可以相互补充。

　　数据机房常采用房间级空调、行间空调和机柜级空调三种方式,匹配相应的气流组织。单机柜平均功率小于 6 kW 时,宜采用房间级精密空调,地板下送风+冷(或热)通道封闭或弥漫送风+热通道封闭的气流组织形式;单机柜平均功率6 kW~15 kW 时,宜采用行间空调＋冷(或热)通道封闭的气流组织形式；单机柜平均功率 15 kW～25 kW 时,宜采用水冷背板、热管背板等机柜级空调；单机柜平均功率大于 25 kW 时,宜采用封闭式机柜；单机柜平均功率超过 30 kW 时,应考虑散热效率更高的芯片级或浸入式液冷技术。

空调末端和气流组织的形式应结合冷源系统、机柜功率密度、造价等因素合理确定,不局限于上述形式。

7.5.4 在采用地板下送风时,送风量一般略大于机柜内设备的需求。机房空调的送风量过大或送风速度过快,会形成送风冷量大于设备散热风量或风速太快送风距离大于机柜距离而产生冷热气流混合,导致气流短路,提高送风能耗,降低空调系统的运行效率。

采用风量可调节的送风口地板,合理增加开孔地板或者吊顶回风百叶的有效通风面积,可以减少气流循环的阻力,避免空调送风、排风之间发生气流短路,降低风机能耗。当活动地板下作为空调静压箱时,应考虑线槽、桥架及消防管线等所占用的空间,空调送风量应按地板下的有效送风面积进行计算。地板下的线槽、桥架等障碍物会阻碍气流,产生湍流,增加送风阻力,应尽量避免或减少送风路径上线槽、桥架等障碍物,宜采用上走线方式,减少地板下的线槽或桥架敷设以及减少送风能耗。

7.5.7 大型主机房可根据项目所在地气候条件采用弥漫式送风。如某项目采用封闭热通道吊顶回风、弥漫送风,送风温度 22 ℃,回风温度 34 ℃,可提高冷冻水供/回温度至 17 ℃～23 ℃,冷冻水温度提高后,可延长完全免费制冷的时间；同时,由于水温的提高使得机组的 COP 值增大,空调系统能耗显著降低。相比于传统封闭冷道房间温度 28 ℃～30 ℃,采用封闭热通道后,热通道温度约 34 ℃,热通道外的机房为冷区域温度不超过 24 ℃,对于参观/维护等人员舒适温度需求更为舒适。需要注意的是,此方式相对传统封闭冷通道对层高要求稍高,如果是多层建筑,需要仔细核算总高度。

7.6　负荷调节与控制

7.6.2　设有冷却塔供冷措施的冷水系统,应根据室外气象条件进行冷却塔供冷与冷机供冷模式的切换,可串联运行,应有三种状态,包括冷机供冷、冷塔供冷和混合供冷。

7.6.3　数据中心空调系统运行策略可以分为冷源侧和末端侧两类。冷源侧群控技术应用较为普遍,如利用 COP 曲线控制冷水机组负荷分配与启停的控制策略。目前,末端侧(精密空调)根据负荷情况动态调整运行逻辑做得非常少,一般末端侧主要从故障冗余角度考虑群控逻辑,但针对负荷变化,特别是低负荷时的动态调整较少见,可能是因为机房负荷率提升较快,此类阶段较少导致。因此,考虑末端侧运行策略,可提高数据中心运行初期的能效。

　　数据中心空调系统冷源侧和末端侧群控系统建议采用具备先进的人工智能算法控制器,根据 IT 设备负载与外环境温湿度自适应、自优化全局调节各类设备。

7.6.6　系统是否高效运行,应提供历史数据并实时呈现,帮助管理者掌握能效情况,分析能效变化原因,提升空调系统能效。可根据季节变化、负荷变化和制冷配置(冷源配置、末端配置)调整优化系统运行。

8 给排水系统节能

8.1 一般规定

8.1.1 数据中心用水主要为冷却水蒸发、冷却水排污、IT 房间加湿用水、加湿软化水设备用水、冷冻水补水、设备维护用水、柴油发电机烟囱净化用水和办公区域生活用水等。

9 节能运行管理

9.1 一般规定

9.1.3 数据中心基础设施管理系统(DCIM)是数据中心管理的新技术和发展趋势,旨在采用统一的平台同时管理关键基础设施,如 UPS、空调等,并通过数据的分析和聚合,最大化提升数据中心的运营效率,提高可靠性。

区别于传统 DCIM,DCIM＋将通过云化、大数据和人工智能的技术方式,在运营层面超越人,成为数据中心运营、投资决策的重要支撑系统。

9.2 设备经济运行

9.2.1 按照现行国家标准《能源管理体系要求》GB/T 23331 的要求建立数据中心能源管理体系。

9.2.3 数据中心根据 IT 设备和系统的能耗历史记录获取某个时间段的能源基准,通过能源基准的对比,测量能源绩效的变化。数据中心根据 IT 设备承载的服务类型选择能源绩效参数,例如:

1) IT 设备和系统的服务质量(QOS)和服务级别(SLA)。

2) 单位服务能力的能耗成本(MIPS, Meaningful Indicator of Performance Per System)。

3) IT 资源的实际利用率。

数据中心为 IT 设备节能设定改进的目标和指标,如在某个时间段达到:

1）IT 设备和系统的服务能力提升幅度。

2）单位服务能力的能耗成本降低幅度。

3）IT 资源的实际利用率提高幅度。

9.2.4 数据中心的设施运维工作是一个不断改善的过程,保持数据中心的设施设备系统运行正常,是数据中心实现节能目标的基础。设备系统的调试不仅限于新建或改(扩)建数据中心的试运行和竣工验收,而是一项持续性、长期性的工作。因此,数据中心管理单位有责任定期检查、调试设备系统,标定各类检测器的准确度,保存设施设备的定期检查、调试、运行和标定记录,并根据运行数据或第三方检测的数据,不断提升设备系统的性能,提高数据中心的能效管理水平。此外,针对数据中心不同的运行负荷阶段,也应进行设施设备的调适。

9.2.5 数据中心 CFD 涵盖了设计、建设、测试验收、运维、升级改造全生命周期,基本流程应包括前期准备、建模与网络划分、求解计算、分析结果、最终报告及交付结果。数据中心 CFD 包括从零部件到服务器、机柜、数据中心及园区不同级别的内容。数据中心运维阶段 CFD 应包括关键设施的仿真模拟、运行故障模拟及处理、能耗数据分析、现状问题分析。在 CFD 仿真参数的基础上,通过 AI 人工智能技术,优化控制策略,提高数据中心的能源效率。

9.3 数据分析

9.3.1 计量器具的定期维护和精度校正可参考国家标准《用能单位能源计量器具配备和管理通则》GB 17167—2006 的要求。

9.3.2 数据中心运维期关键性能指标的通用要求、描述方法、用途可参考现行国家标准《数据中心资源利用 第 2 部分:关键性能指标设置要求》GBT 32910.2 和《上海市互联网数据中心建设导则(2019)》第 12.3 节的要求。数据中心运维期电能能效要求和测量方法可参考《数据中心资源利用 第 3 部分:电能能效要求和测量方法》GBT 32910.3。电能使用效率受各种因素的影响,会随季节、节假日和每天忙闲时段的改变发生变化,因此应采用固定仪表进行测量。

对数据中心能耗应进行持续、长期的测量和记录,且测试时间越长,得到的 PUE 指标更能反映数据中心真实能耗情况。

PUE 指标测量点简单示意如图 1 所示。

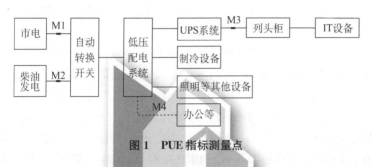

图 1　PUE 指标测量点

· 数据中心总耗电

在正常情况下,数据中心的电能由市电提供,总耗电测量点应取市电输入变压器之前,即图 1 中的 M1 点。当市电发生故障时,柴油发电机产生的电力(图 1 中的 M2 点)作为数据中心总耗电的测量点。如果是多用途机房楼,数据中心总耗电计算中,需减去在 M4 点测量的办公等其他耗电,建议采用电量拆分计算的方法;若测量条件不满足,可采用功率拆分计算的方法。

· IT 设备耗电

严格来说,IT 设备耗电应在各 IT 设备输入电源处测量耗电量并进行加总,但由于 IT 设备数量较多,这一方法将大大增加测量工作量和成本。因此,在实际操作中,可在 UPS 输出或者列头柜配电输入处进行测量,将测量值加总作为 IT 设备耗电,测量点即图 1 中的 M3 点。

确定测量点之后,根据定义,PUE 的计算方法为

$$PUE = (P_{M1} + P_{M2} - P_{M4})/P_{M3}$$

10 节能评估

10.0.1 根据《上海市互联网数据中心建设导则(2019版)》的规定:IT设备上架率 $Rack_{on}$ 第一年不应低于 70%,第二年以后不应低于 90%。

10.0.3 PUE等能效指标的数值受各种因素的影响,会随季节、节假日和每天忙闲时段的改变发生变化。因此,为全面、准确地了解数据中心的能效,应采用固定测量仪表,对数据中心能耗进行持续、长期的测量和记录。能效在线监测系统建成后,应按照国家及本市相关规定完成项目的验收及机房运行安全测评等工作。PUE的测试可参考现行国家标准《数据中心资源利用 第3部分:电能能效要求和测量方法》GB/T 32910.3。

采用pPUE指标进行数据中心能效评测时,首先根据需要从数据中心中划分出不同的分区(也称为 Zone)。Zone1 的 pPUE1 计算公式为

$$pPUE1 = (N1 + I1)/I1$$

其中,N1+I1 为 1 区的总电耗,I1 为 1 区 IT 设备电耗,N1 为 1 区非 IT 设备电耗。

pPUE适合用于基于集装箱或其他模块化单元构建的模块化数据中心,或者由多个建筑和机房构成的较大型数据中心的局部能效评估。pPUE可能大于或小于整体PUE。要提高整个数据中心的能源效率,一般要首先提升 pPUE 值较大的部分设备或区域的能效。CLF和PLF可以看作PUE的补充和深化,通过分别计算这两个指标,可以进一步深入分析制冷系统和供配电系统的能源效率。

一般情况下，RER是指在自然界中可以循环再生的能源，主要包括太阳能、风能、水能、生物质能、地热能和海洋能等。可再生能源对环境无害或危害极小，而且资源分布广泛，适宜就地开发利用。与可再生能源相对的是煤、石油、天然气等化石燃料及核能。

10.0.5 节能技术评估主要评价技术应用的必要性、安全性、可操作性和节能效果等。

10.0.6 数据中心节能评估等级是一个综合全面的体系，同时考虑定量和定性的指标，涉及建设、运行和管理等各方面。